家装细部钻石法则

收纳整理

中 国 林 业 出 版 社
China Forestry Publishing House

Storage

衣帽间 /4

储酒空间 /28

藏书空间 /44

工艺品收纳 /72

刚喜迁新居时，整洁、舒适是家的主调，可往往刚住了一年半载，就会发现：家里的杂物越来越多，空间越来越少。更郁闷的是，杂物就像鸡肋一样，食之无味、弃之可惜，恨不得有个能无限扩大的“叮当袋”，把它们通通装起来。“叮当袋”自然没有，可如果主人能妥善收纳，对空间加以利用，完全可以玩“把杂物变小，把空间变大”的神奇魔术。

*选择适宜的收纳工具

工欲善其事，必先利其器。瓶瓶罐罐的化妆小物、缠缠绕绕的电线、零零散散的玩具……繁琐的小玩意儿最不让人省心。若要巧妙拓展储存空间，就要增添一些“武器”，只有做到“从指头尖到头发丝的全副武装”，才能将所有物品都高效收纳。

传统的收纳工具主要有盒子、抽屉、箱子、柜子等，根据收纳物品的类型、大小和材质，选择不同的收纳工具，做到化零为整、物尽其用，就会产生“叮当袋”一样的神奇效果。如今，收纳工具也不仅具有使用功能，而是更加的美观可爱、个性十足，如各种卡通造型的小罐子、小盒子，仿旧水管打造的书架，内部别有洞天的坐墩，都在将收纳功能发挥到极致的同时，扮靓了家居和心情。

*运用细致的收纳技巧

家居收纳不仅要做到干干净净、整整齐齐，更要追求有理有序。整理收纳不是“一锤子买卖”，它是反反复复、来回来去的“持久战”，因此，要想打赢这场战争，就需要多花点心思，将“藏”做得巧妙，将“露”做得整洁养眼而又取放自如。

小物品的收纳即使整理好了，等到下次要用它的时候，又找不着，结果把盒子翻了个底朝天，变得凌乱不堪。所以对待这类零碎物品，最简易的方法就是把它们分门别类，再放进各种型号的收纳箱、收纳篮中，最后贴上可爱的小标签，才叫完美。衣服的收纳可以把漂亮、使用率高的衣服放在醒目的地方。或是把衣服按照种类收纳，把T恤、衬衫、长裤、短裤、裙子加以归类整理。整理好之后，在每次决定穿什么时，打开衣柜迅速就能找到合适当天的衣物。

*合理规划收纳空间

收纳空间即储藏物品的场所，其涵义相当广泛，大到储物间、更衣室，小到放肥皂盒的搁架、挂钥匙的挂钩。设计收纳空间，首先要考虑大空间的完整性，不能被划分得支离破碎；其次要保证人的活动范围，要尽量设置在人抬手可及之处，做到方便实用。除此之外，要考虑以下几种规划思路：

往下开发：沙发、桌椅、茶几下方和床底下等，空间如果不善加利用，反而易成为积灰尘的死角，可放入有滑轮可移动的漂亮收纳盒，需要时推出来，使用完毕推回去。立体开发：包括如墙壁、天花、柜上，都是很好的收纳地点，但是却是一般人容易遗忘，也可多利用壁柜、悬吊架或壁架，增加壁面收纳空间。死角活用：比如楼梯踏板做成可以活动的，这样就把每个台阶都做成抽屉，收纳存放物品，还有入墙式的衣柜等，这样就能把墙面的面积也使用上了。

Storage

CLOAKROOM

衣帽间

爱美、爱打扮是人的天性，尤其是女孩们，她们大都有着一个绮丽的梦想，渴望一个专属于自己的衣帽间，一个拥有足够收纳，又能满足内心小小虚荣的空间。在里面整齐地叠放着自己心爱的衣服鞋子，这每一件衣物都保留着一段故事，让人憧憬和怀念，衣帽间，是一个充满故事的地方。

衣帽间

衣帽间，是一个可以存储、收放、更衣和梳妆的专用空间，是人们生活质量不断提高的现代家居产物，并正逐步成为每个家庭空间中不可或缺的一部分。

许多人认为衣帽间仅仅可存在于大空间内，其实不然，现代住宅设计中，经常有凹入、突出的部分或是三角区域，完全可以充分利用这些空间，根据业主的情况，规划出一个衣帽间，从而在节约居住空间的同时丰富其功能性。衣帽间在为家居生活带来便捷的同时，还会给户主带来愉悦的心情和自信，又能成为家居装修设计中的亮点。衣帽间越来越受到现代年轻人的喜爱，特别是现代女性们的青睐，一个兼具实用和美观的衣帽间往往是精致生活的开始。

衣帽间的设计要点：

1. 灯具

配置的灯光不仅要保证照明度，还应该注意它的发热量，最好选择内置灯泡，外加灯罩的灯具较为适宜，以免造成安全隐患，开关安装的位置也应考虑。

2. 隔板

隔板分割要合理，可以在隔板分割之前，充分分析所放物体的尺寸大小，包括长、体与重量等，再考虑哪些是常用的，哪些是备用的，谁适合放在上面，谁适合放在下面，放置拿取是否方便，诸如此类等问题，而后，根据这些分析，打造物架分割图。

3. 五金件

五金件是保证家装质量的重要细节，如果只图一时便宜，就会给以后再维修造成麻烦。在更衣间设计一个坐墩或伸缩拉杆，在替换衣服的时候能坐能挂，是人性化设计的表现。

4. 尺寸

柜子的尺寸最好与周边墙体要留出至少 5 厘米的余量，便于实地安装，所谓严丝合缝实际上是个误区。

5. 防潮

大多家庭都会把衣帽间放在离卫生间较近的地方，至少有一面墙是这样，若房主家的储物柜属于这类，防潮问题就显得特别重要了。首先，要在临近的卫生间或厨房的墙面做好防水，然后，在使用过程中，在衣帽间放置一些防潮剂。

6. 空间

衣帽间的规划通常有两种：一种是建筑本身分割出来的，一种是通过自己或设计师重新分割空间划分出来的，其实后者在空间上并不需要太大，够用就行。一些平时几乎不怎么穿的衣物，最好不要占用空间，整理后把它们都请出去，这是活动空间的最优化体现。 衣帽间的内部形式根据现有的空间格局，正方形多采用 U 形排布；狭长形的平行排布较好；宽长形，适合 L 形排布。

7. 颜色

衣帽间的外形可以根据主人的喜好和居室的整体风格任意搭配色彩和造型，具有很大的可塑性。同时，衣帽间的内部也要注意漆色和灯光的设置。一般若以存放深颜色衣物居多的衣帽间，最好选择浅一点颜色的底材；如果是白色衣物居多的人，则不妨考虑大胆的深色材料；此外，如果希望更衣室能呈现出名品店一样的高级感，还可以考虑使用壁布。

衣帽间可分为开放式、嵌入式、步入式3种：

开放式

这种衣帽间适合于那些希望在一个大空间内解决所有功能的年轻人。但即便是开放式也要有一定的私密性，以免使大空间显得过于凌乱。比较好的一种形式是，利用一整面空墙，架上很多板条进行间隔，不完全封闭。开放式衣帽间的优点是空气流通好、宽敞明亮，缺点是防尘性差，因此防尘是此类衣帽间的重点注意事项，可采用防尘罩悬挂在衣服上，或用盒子来收纳衣物。为便于区别，可增加一些标志。若多设一些抽屉、小柜，则更为实用。

嵌入式

嵌入式衣帽间比较节约面积，易于打理。一块面积在4平方米以上的空间，就可以依据这个空间的形状，制作几组衣柜门和内部隔板。面积大的居室、主卧室与卫浴室之间以衣帽间相连较佳。卫浴间宽敞的家庭则可利用入口做一排衣柜，设置大面积穿衣镜延伸视觉。拥有夹层布局的家庭，可利用夹层及走廊梯位做一个简单的衣帽间。衣帽间面积不必很大，可以利用隔板、抽屉等存放大量衣物。

步入式

步入式衣帽间起源于欧洲，是用于储存衣物和更衣的独立房间，可储存家人的衣物、鞋帽、箱包、饰物、被褥等。除储物柜外，一般还包含梳妆台、更衣镜、取物梯子、烫衣板、衣被架、座椅等设施。理想的衣帽间面积至少在4平方米以上。里面应分挂放区、叠放区、内衣区、鞋袜区和被褥区等专用储藏空间。可以供家人舒适地更衣。随着家庭住房面积的增大，步入式衣帽间逐渐受到时尚人士的青睐。步入式衣帽间有许多优点，如：秩序井然，一目了然及其封闭性好。

Storage

Storage

Storage

Storage

Storage

Storage

Storage

Storage

Storage

Storage

Storage

Storage

Storage

Storage

Storage

Storage

ROCKY

Storage

Storage

Storage

Storage

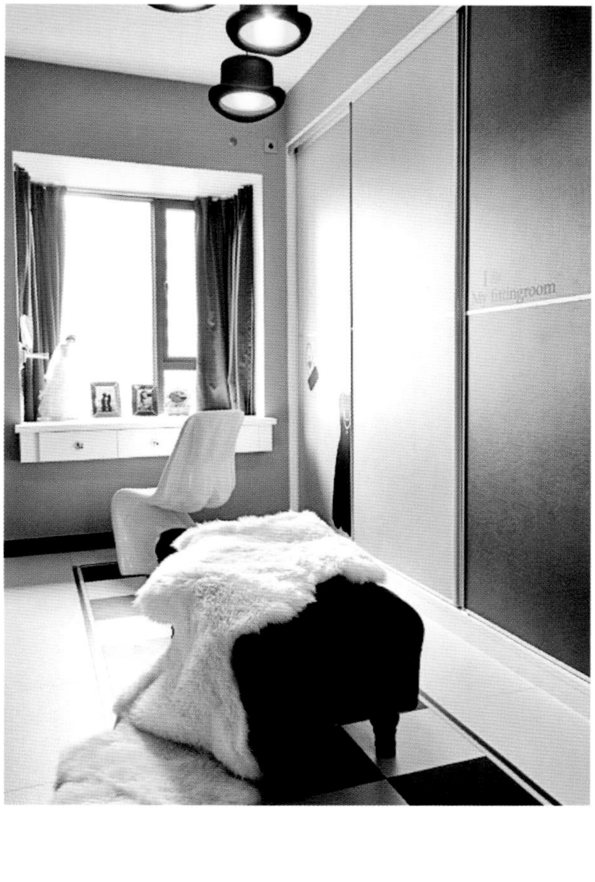
My fittingroom

Storage

WINE STORAGE

储酒空间

衡量富裕的一个高标准就是看你是否拥有稀世珍品的酒窖。甚至连《福布斯》杂志也高度评价过私人酒窖：“将来显示生活品质的，不再是私家游泳池、私人健身房，而是私人酒窖。”

储酒空间

在中国，酒神精神以道家哲学为源头。庄周主张，物我合一，天人合一，齐一生死。庄周高唱绝对自由之歌，倡导“乘物而游”、“游乎四海之外”、“无何有之乡”。庄子宁愿做自由的在烂泥塘里摇头摆尾的乌龟，而不做受人束缚的昂头阔步的千里马。追求绝对自由、忘却生死利禄及荣辱，是中国酒神精神的精髓所在。

如今的家庭，谁家里不藏着几瓶好酒？每瓶好酒都等待着主人在某个特殊的日子开启它，酒成了增添节日气氛和烘托家庭情调的主角。可是酒的收纳成了难题，圆形的酒瓶会滚动还易碎，不规则的酒瓶挺占空间，而且红酒需要特殊的温度和湿度才能妥善保存……因此，在家里专门开辟一个储酒空间成了越来越多家庭的时尚选择。

储酒空间大致分为酒架、酒柜和专门的藏酒室几种：

酒架

酒架即放置红酒、洋酒及各种酒水的架子，是储存酒水最简单的结构，以安全、美观、实用为使用目的。根据存放酒的数量、酒瓶规格，酒架可以选用不同的材质，比较常用是木制酒架，木质酒架也是最好的储酒酒架，因为木质酒架与软木塞材料特性相近，并且木材在制作时经过熏烤、翻晒，会带给酒架带来香味，在葡萄酒的存放发酵过程中，实木酒架的木材芳香会通过瓶塞溶入葡萄酒中，使酒香更丰富。

酒架的设计丰富多样，可以满足户主的个性化需求，让大大小小、各种形状的酒瓶都能各得其位。而且酒架体量小而轻便，对户型空间要求不大，可以利用各种边角空间来打造，如餐厅墙壁、墙角处、过道连接处等，都可以成为酒架很好的容身之所。只要设计的牢固安全、美观精致，酒架就可以成为家居生活中最有情调的点缀。

酒柜

酒柜的结构较酒架更为复杂，它包括内部隔板、柜门、外箱，高级的酒柜还有恒温、恒湿和通风等系统，可以让美酒在最合适的环境里保存，让其口感随着时间的延绵更加醇香。酒柜结实的外部结构，让酒瓶更加安全，合理的内部结构则让空间利用最大化，同时内部隔板的角度，让不同的酒水能够分类摆放，保持最好的状态。

酒柜相较于酒架需要更多的空间，适合摆放在避光、避震、通风、地面平稳的地方。一个品质优良的酒柜摆放些好酒，可以提高居室的品质感，彰显户主的品味。它还是给家庭中招来吉运的物品。如果在家中的酒柜的摆放合理，就会起到招财纳福的作用。酒柜大多高而长，这是山的象征；矮而平的餐桌则是水的象征。在餐厅中有“山”有“水”，配合得宜，大有“宅运”的象征意义。

储酒室

推开古典木质大门，一座酒窖清晰呈现，在恒温微湿的空气中，各类优质红酒安静地放置于储酒位内，浓郁的酒香在空气中弥漫，墙壁上挂着名家书画，一起传递着红酒的文化魅力……这种在国外电影里才能看到的图景，已经走入了个人家庭，成为豪宅的新风尚。

储酒室是储酒的独立空间，通常由酒架和酒柜组合而成。一个充满艺术美感而又实用的储酒室，在酒架和酒柜的设计上，绝不是隔板、柜门的简单堆砌。它必须从酒架和酒柜之间的密与疏、高与低、远与近、粗和细、方与圆等多种美学角度进行考虑。不同酒架和酒柜的美学造型与材质，往往决定了这个储酒室的整体风格。储酒室的设计还要考虑居室的整体装修风格，内部的硬装也要与其他空间连贯和谐，方能展现居室的品质和档次。

根据储酒室空间的大小及户主的需求、美学的考虑，在储酒室内进行诸如储存区、艺术装饰区、展示区等分区是十分重要的，再配合沙发、高脚椅、吧台等家具，会让储酒室更具风情和使用价值，成为一个为户主提供储酒、品酒、休闲、放松的多功能空间。

Storage

Storage

Storage

Storage

Storage

Storage

Storage

Storage

Storage

Storage

Storage

Storage

Storage

BOOK STORAGE

藏书空间

对于爱看书的人来说，拥有一款中意的书架甚至比一套沙发更加必要，为自己的书籍找一个藏身之所，才是认真而可爱的态度。如果你拥有一间书房，当然应该物色一款和它配套的书架，如果没有也没关系，客厅卧室哪儿不可以容身呢？只要有心情，我们都能住的很好。

藏书空间

书中自有颜如玉，书中自有黄金屋。书是人类用来记录各种文明成就的主要工具，也是人类用来交融感情、取得知识、传承经验的重要媒介，对人类文明的发展与传承具有重要的意义。

每个家庭都会储藏大量的书籍，包括杂志、画册、工具书、小说等，阅读是一件惬意的事情，可是当书籍的存放成为困扰的时候，就不得不求助于各种各样的藏书空间了。

创意藏书空间

现代居室的书籍收纳，不再局限于传统的书架、书柜、书房等储藏方式，利用隔断墙、电视柜、楼梯间、墙面悬挂收纳袋来储存书籍成为创意十足的时尚选择。这不仅为书籍提供了更多的储藏空间，也让阅读随时随地进行，同时使书籍更加融入家庭生活，让阅读成为一种生活习惯。

传统藏书空间

书架

在起居室、休闲区或卧室，利用书架来储藏书籍，是最大众化的选择。灵活的书架可以摆放在任意空间，以任何造型出现，无论是定做还是购买成品，都能其恰如其分的融入空间氛围，为家居生活增添书香文气。

书架又分为悬挂式、倚墙式、嵌入式、独立式、隔板式几种，可根据空间的大小、形状来选择布置，也可以组合布置，既灵活多变，又节省空间。还有很多造型奇特的书架，如树枝形、字母形、螺旋形等，颇具趣味，成为装点家居生活的亮点。极富设计感的墙面书架纵横墙面，里面再慢慢地填满收藏起来的书本，会收到意想不到的装饰效果，用作书本收纳的时候，还能作为墙面背景墙彰显空间个性，一举两得，十分适宜。

书柜

书柜是居室中主要家具之一，即专门用来存放书籍、报刊、 杂志等书物的柜子。许多户主总是丢三落四，书籍乱扔乱放，让居室生活变得一团糟。而这个时候，如果有了书柜，把全部书整理在书柜里面，居室生活一下子就变得干净明了。书柜的体量更大一些，但是柜门可以起到很好的防尘作用，内部空间的合理规划也可以方便书籍集中、分类摆放，让拿取、保存更加方便。

书柜的风格迥异，家用书柜风格很多，有美式、欧式、韩式、法式、地中海式等各种风格，各种风格的家用书柜尺寸大小不一。至于选什么样的书柜、书柜尺寸多大等就是因人而异了。选购原则要根据个人风格喜好，房间的大小、布局等来综合考虑。

书房

对于拥有大房子的户主来说，开辟单独的书房轻易便可得，独立的藏书室为书籍提供良好的储存环境，也为户主提供安静的阅读环境，书籍的收藏和办公、学习统一在同一空间内，还能更加节省空间和提高效率。

书房里的家具以写字桌及书柜为主，首先要保证有较大的贮藏书籍的空间。书柜间的深度宜以 30 厘米为好，深度过大既浪费材料和空间，又给取书带来诸多不便。书柜的搁架和分隔可搞成任意调节型，根据书本的大小，按需要加以调整。书房的功能和区间划分因人而异。书柜和写字桌可平行陈设，也可垂直摆放，或是与书柜的两端、中部相连，形成一个读书、写字的区域。书房形式的多变性改变了书房的形态和风格，使人始终有一种新鲜感

Storage

SHEDE
SHEDE
SHEDE

Storage

Storage

Storage

Storage

Storage

Storage

Storage

Storage

HAND IS ONE OF THE GRAPHIC ELEMENTS ITHAT DESIGNERS ALWAYS GET ADDICTED TO PLAY WITH.
LONDONTHEATRE

Storage
VENICE

Storage

Storage

B&W Bowers & Wilkins
CCM616
CCM616
Storage

Storage

Storage

Storage

Storage

Storage

Storage

Storage

Storage

Storage

Storage

Storage

Storage

ARTS STORAGE

工艺品收纳

室雅何须大，花香不在多。工艺品的收藏在“精”不在“多”，一件精美的青花瓷、一个古韵的紫檀笔筒、一尊禅意十足的佛手，都会为居室带来画龙点睛的装饰效果。因此工艺品的摆放、收纳既要安全实用，又要明亮美观。

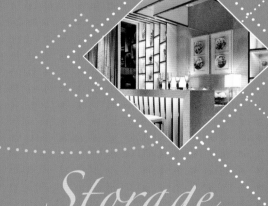

工艺品收纳

随着经济的发展和生活水平的提高，大众对于精神文化的追求越来越强烈，工艺品收藏成为一种潮流，古玩、字画、雕塑等艺术品走入了千家万户，成为家居生活中精致的点缀，为家庭生活增添艺术气息和审美情调。

首先看一下工艺品的分类，我们可以把其大体分为两类，一种是装饰性的，另一种是兼具实用性的。前者是非实用的纯艺术品，没有什么实际用处，但装饰性、观赏性强，有些艺术水平和价值很高，如瓷器、青铜器、雕塑、绘画、书法、挂毯、民族服装等等。后者具有装饰性的同时，还具备一定的实用性，即是家庭日常生活品，又可以称作是艺术品，包括酒具、茶具、花瓶、钟表、艺术灯具、烛台、靠垫、布艺等。

装修好的家，有些主人急于将新居布置好，看到品种繁多，眼花缭乱的精美工艺品立刻爱不释手，恨不能通通抱回家。其实大家一定不要着急，工艺品的选择也讲究宁缺勿滥。虽然工艺品放在家中能够美化居室，但不要将工艺品摆放的到处都是，没有主次，没有重点，这样会造成空间的混乱，降低室内设计、装修的档次。

工艺品要注意摆放的构图，选择适宜的位置，陈设高低有致，高在内低在外，可用色块或镜面作背衬，选出精品展出。工艺品可以充实空间，活跃家居气氛，摆放时要注意与家具和空间的宽窄比例的关系，工艺品的形状、大小也要与周围物体相互呼应。例如在桌、案等简洁造型的家具上，摆放一个精美的小型雕塑，或一捧鲜花、一套茶具，使人不仅感觉到充实完整，而且空间富于变化，一下子活跃起来。

不同的空间，选择不同风格类型的工艺品。客厅、起居室、书房可以选择一些稳重、高雅、文化气息浓厚的工艺品展示。卧室则选择温馨、柔软的工艺品，如装饰画、布艺软垫等。有专业特长的主人，可选择与自己特长有关的器物进行展示，如乐器、绘画书法作品。

工艺品摆设要注意照明，有时可用背光或色块作背景，也利用射灯照明增强其展示效果。灯光的颜色的不同，投射的方向的变化，可以表现出工艺品不同特质。暖色灯光能表现柔美、温馨的感觉；玻璃、水晶制品选用冷色灯光，则更能体现晶莹剔透，纯净无瑕。特种工艺品和古玩、花瓶、香炉、观赏玩具等可置于博古架、百宝格或玻璃柜内，如有大件工艺品陈设，可以与观赏植物、盆景（旱、水）配套置放，亦可利用自然光线的映射增强工艺品的表现效果。

工艺品的收藏通常用到展示柜，展示柜的选择主要应从形状与颜色、体积与容积、展示能力这三方面进行考虑：

1. 形状与颜色：在选择展示柜时，首先应该注意一下展示柜的形状与颜色，建议根据居室内其他家具的形状来选用造型相近、反差较小的展示柜。而展示柜的颜色也应该注意一下室内其他家具的色彩，以尽量统一、色彩相似为选购展示柜的基本原则。

2. 体积与容积：展示柜体积与容积的选择应该与所需展示的展示品的特点、种类、体积相协调，避免出现过大剩余空间或展示品过于拥挤的现象。建议重点关注一下上部为通透玻璃柜、下部为带柜门的封闭柜的展示柜，以便同时具有收纳、展示这两种实用功能。

3. 展示功能：选购展示柜当然要重点关注柜子的展示功能，所以要特别注意一下柜体的通透性、展示性和柜内灯光的配合。在考察展示柜展示功能时，建议多多对比、考察与所需展示品种类相适宜的柜体，并重点关注一下柜内灯具的使用安全问题。

Storage

Storage

Storage

Storage

Storage

Storage

Storage

Storage

Storage

Storage

Storage

Storage

Storage

Storage

Storage

Storage

Storage

Storage

Storage

Storage

Storage